日本香的艺术

[日] 松下惠子 编著

郑寅珑 译

华中科技大学出版社
http://www.hustp.com

有书至美
BOOK & BEAUTY

中国·武汉

香可以自己动手制作吗?

或许你打开这本书时, 心里正怀着这样的疑问。

其实, 香有各种各样的类型, 比如点火燃烧型、

加热催发型 (炼香等)、常温挥发型 (香囊等)。

不论是哪一种, 都可以自己动手制作。

香有着不可思议的力量, 它的香气能够镇定精神、抚慰人心。

与西方精油的甘甜华美不同,

东方的香演绎出了沉稳厚重的感觉。

通过巧妙地调整香调的平衡, 使香气随着时间发生变化, 正是香的奥秘所在。

不论是想象自己喜欢的香的风格, 还是思索香料的搭配,

又或是在香气环绕中制香的过程, 都是很美好的疗愈心灵的时光。

本书将给大家介绍"懂得"香、"制作"香,

以及"使用"香的乐趣。

在介绍香的制作步骤时, 为了让初次尝试的人也能够轻松地挑战成功,

本书按照顺序仔细说明了每一个步骤。

另外, 本书还根据不同氛围、不同场所, 提供了合适的配方。

请大家务必自己动手, 尝试制作这个世界上专属自己的香气吧!

一旦体验过制香, 那么逛香铺、挑选香品也会变得乐趣无穷。

最近, 有越来越多的人开始在不同场合用香,

比如给名片熏染上淡雅的香气,

又或是在和服里藏香囊, 等等。

请大家务必找到适合自己的、让心情愉悦的香气,

尽情享受仅属于你的"香的生活"吧。

目　录

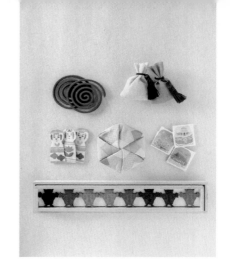

参考文献
《よくわかるお香と線香の教科書　お香マスターが
答えるお香の疑問70)》爱知县线香批发集团（三惠
社）
《日本の香り》监修 香老铺松荣堂（平凡社）
《お線香の考現学—暮らしに根付くお線香の香り》
鸟毛逸平（香水社）
《香三才　香と日本人のものがたり》畑正高（东京
书籍）
《アロマテラピーの教科書》和田文绪（新星出版社）

"小芥子"人偶真可爱

香的
基础知识

从这里踏出进入香世界的第一步。

首先，为了第一次感受香文化的读者，

我将介绍香的种类、品玩方式，

以及大家想要知道的香的简单构造。

什么是香？

　　一谈到"香"，大家脑中可能会浮现各种各样不同的情景。不管是供奉在佛坛上的线香，还是葬礼上的焚香，又或是蚊香、香囊等，这些统统都是香。香源自中国，随着佛教一起传入日本，在日本逐渐形成了独有的香文化。

　　所谓的"香"由许多不同的香料混合而成，以白檀、沉香等具有香味的木材（又称"香木"）为基底，搭配上各种来自叶、根、茎、树脂、果实的植物性香料或动物性香料等。最近，香的种类也变得越来越丰富，出现了味道类似于花朵及香草等气味的香。

　　每个人对香味的感觉各有不同，有的人认为香的味道很像中药，散发着独特的浓郁香气。有这种想法并不奇怪，

因为香的原料中本来就有许多被用作中药及调味料的东西，比如丁香、桂皮等，所以香与中药有着许多共通之处。那么，香与精油又有什么不同呢？精油是通过压缩或蒸馏等方式萃取出香精，而香则是由香料本身制成的，因此，即使原料一样，精油和香也可能会散发出不同的气味。

市面上卖的香是由调香师精选香料调制而成的。但是，因为每家店都有不外传的秘方，所以即使种类相同，其香味也存在差异。也就是说，香存在着无穷的可能性。搜集不同店铺的同一款香，焚烧、品玩看看各是什么味道，或许也别有一番情趣。

点火

燃 烧 型

这是直接点燃型的熏香，在香当中最受欢迎，品玩方式也简单。哪怕去旅行也可以随身携带这类香，它们有着去任何地方都可以马上使用的优点。

这类香的形状主要分成细棒形（线香）、锥形（塔香）、螺旋形（盘香）3种。不同形状的香在扩散方式及燃烧时间上会有所差异，可以根据使用目的进行选择。如果搭配上自己喜欢的香盘或香座，过程会更有乐趣。

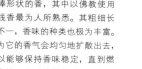

线香

细棒形状的香，其中以佛教使用的线香最为人所熟悉。其粗细长短不一，香味的种类也极为丰富。因为它的香气会均匀地扩散出去，所以能够保持香味稳定，直到燃烧完毕。大致的燃烧时间：长度6～14厘米的12～30分钟。

※ 燃烧时间根据商品不同而有差异。

塔香

点燃三角锥的顶端，便会开始向下燃烧，越往下香味越强烈。这类香具有在短时间内充满宽阔空间的特点。如果想一口气让香气扩散开来，建议使用这种香。因为形状不容易让灰散落，所以还有容易清理的优点。大致的燃烧时间：15～20分钟。

盘香

和蚊香一样形状的盘香。与其他形状的香相比，它的燃烧时间更长，所以推荐在较为宽敞的房间中使用，可以慢慢享受。如果中间想暂停的话，直接折断就可以了。大致的燃烧时间：直径6厘米的2小时左右。

加热

催 发 型

香中也有通过加热使其散发香气的类型。先用炭加热炭灰，再把香放在灰上，使其散发香气。因为这类香不会冒烟，所以推荐给闻不惯烟味或者是只想纯粹品玩香气的人（具体步骤请参照第88页的"空熏"）。虽然最好是使用香炉，但是用陶制的容器等来代替也别有乐趣。茶道聚会招待客人时，有把香放在炉边熏烤的习惯，夏天用白檀香木（风炉），冬天用炼香[1]（火炉）。

香木

散发香气的木材被称为香木，也是制作香的材料。其中最具代表性的是白檀和沉香（图为白檀）。平时切成小片使用。

炼香

在磨成粉末的香料中加蜂蜜、梅肉、炭粉等，混合后捏成丸子。和缓地散发浓郁香气是其特征。

印香

将磨成粉末的香料压成薄薄一层，嵌入模具取形后凝固的香片。形状类似日式的小饼干，有小花或几何图形等不同款式。现在市面上有许多这类色彩缤纷、造型可爱的商品。

---

1 日本将香丸称为"炼香"，与中国的香丸在香方、香材及辅料上有所不同。

常温 挥发型

这种香是将挥发性高的香料细细切碎后调和而成的，如香囊、屋香等。可以装入袋子里，也可以用来装饰屋子。

香囊，从平安时代（794—1192年）起就作为贵族的腰饰很受欢迎。当时还发展出"移香"文化，品玩沾染到衣服上的香气。时至今日，人们还会为了保管衣服、挂轴、人偶等，使用名为"防虫香"的香囊，里面含有强效防虫功能的香料。

香囊

除了经典款的抽绳荷包，还有用和纸包裹的、做成人偶或动物形状的各种款式。近来为了让名片也沾上香气，还发明出卡片形的。如果味道变淡，只要更换一下里面的香料就可以反复使用了。

屋香

外形为大型香囊，可以按个人喜好挂在室内，可以用来装饰房间。由于里面装满了大量香料，可以使整个屋子充满香气，所以在室内用十分方便。

涂香

在供养神佛之时，为了祛除邪气、洁净身体所用的粉末状的香。取少许放于手心，用手掌摊开以后再抹到手背，即可品玩香气。穿着和服时也可以使用。

文香

将切得非常细碎的香料夹在两片和纸中间制成的信笺，也可说是一种小型香囊。放入信封里寄出的话，整封信都会带着淡淡的香味。还可以作为书签的代替品使用。

简单的

品香方法

焚香

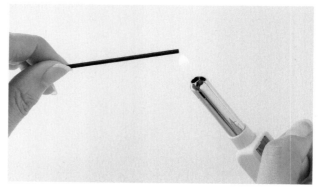

在香的顶端点火，尽可能使火焰前端与香尖接触。因为火焰中心比外部温度低，所以如果不用前端点着的话，就会比较花时间。

轻松地找出自己喜欢的香味吧

　　首先，从我们喜欢的类型开始尝试吧。实际点来闻一下，马上就能知道自己是否喜欢这种香味。而且在家的话，点线香会留有余香。所以如果出门之前点一支，回家以后就可以享受被余香环绕的感觉了。

　　我们还可以准备几种自己喜欢的香，在一天当中变换着使用。或者用较贵的香来犒劳自己的努力，也不失为一种奢侈的享受。另外，香木之类的香品气味细腻，在品玩时为了避免混淆，尽量不要在之前使用味道过于浓重的香。

将香点燃后立于香座上，由于会有香灰掉落，所以可以在下方加个香盘。另外，如果被空调冷风吹到的话，香很容易熄灭，所以请放置在避风处。

如果有香炉的话，还可以把线香放在灰上烧。使用香座时，香最后的部分无法完全燃烧，会留下几毫米，而用这个办法就可以使线香完全燃尽。

将点燃的炭放在香灰上，待香灰被完全加热（如何处理香灰请参照第89页），再在上面摆放印香，然后等香气散发出来。如果出现印香烧焦或冒烟的情况，就说明温度过高，应该把印香从炭旁边移开一点。

加热催发型
◆ 炼香 ◆

加热香灰的步骤与印香一致，等香灰热了以后往上放一粒炼香。等到香味消失就说明已经燃烧完毕，可以将炼香取出。为了防止炼香干燥，请将其放入香盒等有盖子的容器中保存。

17

置香

◆ 放置于玄关 ◆

可以用线香或炼香的余香来迎接客人。在客人到来之前，点好香让余香飘散，客人来了就会被淡淡的香气包围。摆放带有动物造型或是表现季节风情的香囊、屋香，也是很不错的选择。

◆ 放置于衣柜中 ◆

对于和服、羊毛织物、玩偶、挂轴等，可以使用香囊或防虫香作为防虫对策。由于树脂类的香料中富含油脂，可能会弄脏衣服，所以不要让香囊直接接触衣物，可以离远一点或者隔一层纸。

◆ 放置于化妆间 ◆

如果不希望化妆间里的香与化妆品的味道产生冲突，可以放置香气较淡的香囊。而在厕所里则推荐常备塔香。因为塔香的香气可以在短时间内迅速扩散，而且也不容易掉灰。

让每天的生活香气芬芳

　　虽然关于该如何使用香并没有很复杂的规矩，但在不同的场所都有其较为适用的类型，在此给大家推荐最基础的用法作为参考。比如在衣柜中可以放有防虫效果的香或白檀香；在清扫完的厕所里可以放清爽的柑橘系的香，等等。大家可以发挥想象，做不同的尝试，是十分有趣的。

　　另外，在人流往来密集的地方，因为每个人对香的偏好不同，所以在香的选择上要仔细斟酌。还有，在抽屉或衣柜里面放置香囊时，尽量不要让香囊直接接触衣物，可以放远一点，或是铺层纸隔开。

◆ 放置于客厅 ◆

在较为宽敞的房间，可以使用香气容易扩散的盘香或线香。打扫完房间后，点上一支香清净除秽也很不错。还可以摆上自己喜欢的香炉来装饰房间。

◆ 放置于卧室 ◆

用安定心神的香来治愈一天的疲劳吧。如果担心用火的安全性，可以在枕边放个香袋，或者用电香炉来营造卧室氛围，放松地享受睡前一刻。

◆ 放置于桌子的抽屉中 ◆

在抽屉里放入香囊的话，一开就能闻到喜欢的香味，心情也会得到转换。一定要在办公室试一下哟！

◆ 放置于车内 ◆

车内空间密闭，香气容易聚拢，而且不能用火，正适合装饰吊挂型的香囊。

◆ 放置于手提包中 ◆

在包包底部放入香囊的话，每次打开都能闻到淡淡的香气。而且，包里面的手绢和零钱包也会沾染上香味，可谓一举两得。

◆ 当成小挂件 ◆

可以在手机、钱包、钥匙、零钱包等上面佩戴散发香气的小挂饰，这样每次使用时都能闻到香气。挂饰形状有抽绳荷包，或是可爱的小动物形状等，看起来特别温馨。另外，在智能手机的保护壳里放文香（香笺）也是不错的选择。

让我们沉浸在日式香气中吧

出门在外，如果能被自己喜欢的香味包围，心情会变得愉快，人也会更加积极向上。

花些小心思，让香气时常伴随我们吧。比如把香囊放在手提包中，或是藏在和服的胸口处，或用涂抹型的涂香，还可以使名片飘香……即使是觉得香水或古龙水的味道太过强烈的人，也可以使用常温挥发型的香囊，因为香囊气味柔和，不容易让人产生抵触感。而且清新淡雅的香气，不是更能让紧张的心情放松下来吗？

如何
❖ 熏 染 香 气 ❖

准备好木箱或纸箱，将香囊与希望熏染的物品一并放入箱中。便笺或信封等纸制品较易沾染香气，所以推荐尝试。没有箱子的话放入抽屉中也可以！

重点

如果便笺或信封直接接触到香囊，可能会沾染油脂而变脏，所以放置时要隔开一点距离。

❖ 适 合 熏 染 的 物 件 ❖

书签

使书签熏染上自己喜欢的香气，这样打开书就能闻到香味了。还可以作为礼物，把书与书签送给喜欢读书的人。

名片

带有香气的名片在男性与女性中都很受欢迎。因为递给别人时伴随着柔和的香气，不但能给人留下好印象，还可以成为开启话题的契机。

便笺、信封

用温馨的香气向对方表达心意，让手写的信带着香气寄出吧。

手绢

出门时往手绢上熏点香吧。有时可以振作精神，有时又可以放松心情，真是让人安心的好帮手！

《 香气从哪里来？ 》

线香的构造

随着房间的大小、天气、湿度等不同，香气也会发生变化

　　对于没有点着的香，即使把鼻子凑近去闻，也无法得知香真正的味道。在寻找自己喜欢的香时，首先最重要的是焚香试味。有一些店铺允许客人实际点燃线香感受香气，相关事宜可以咨询店员。闻香的时候，要离香20到30厘米远，慢慢地吸入香气。有时闻的次数多了，反而会搞不清楚味道。所以时不时要呼吸新鲜空气，然后再重新品闻确认。

在确认香味时，有的人以为香随着烟飘出，所以用手把烟扇入鼻中。其实，香气并不是从烟以及还没有燃烧的部分飘出，其源头在燃烧部分（香头）往下几厘米的地方。这部分虽然没有燃烧，但在慢慢被加热的过程中，香气一点点地散发出来。如下方插图所示，香头的部分有将近800摄氏度的高温，所以香的成分也会被燃烧殆尽。随着火不断向下烧，香头下面变黑变焦（炭化）的部分也不断下移，而香气则来自再往下一点的还没有变黑变焦的部分。从香头、炭化的部分到还没燃烧的地方，温度不断降低，线香便靠着香头的热能将香气排往外界。

随着香的原料和制作方法不同，烟量、香头的大小、香灰的颜色与量都有不同。另外，香气的扩散方式也会受到房间的大小、当天的天气及湿度的影响。同一种香在不同的日子里会发生变化，仔细观察其中的差异是十分有趣的事。

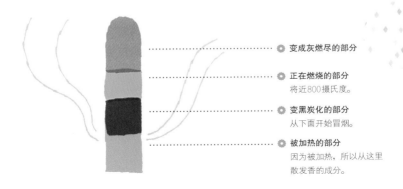

变成灰燃尽的部分

正在燃烧的部分
将近800摄氏度。

变黑炭化的部分
从下面开始冒烟。

被加热的部分
因为被加热，所以从这里散发香的成分。

香的功效

五感中最原始的嗅觉

在人烟稀少的早晨，呼吸一口新鲜空气，心情也会变得舒畅；回到老家一进门，熟悉的香味扑鼻而来，全身便不由自主地放松下来……除了香、精油、香水等产生的香气，如果连这种"生活的气息"也算上的话，我们其实不知不觉地生活在被各种气味包围的环境中。

五感（视觉、听觉、嗅觉、味觉、触觉）对于动物来说，是生活中不可或缺的身体机能。其中，嗅觉的感知最为本能，甚至比大脑的反应速度还要快。之所以我们闻到发霉的食物会感到不舒服，是因为脑子瞬间做出了"这很危险"的反应。闻到美味的气味会激起食欲，闻到熟悉的气味会想起以前，这都源于大脑对嗅觉的反应。从专业角度来说，嗅觉以外的视觉、听觉、味觉、触觉的输入都经由负责理性的大脑新皮质，而嗅觉则直接输入负责记忆、情感、本能的大脑边缘系统。香味的刺激传到大脑的速度极快，甚至不到0.2秒，而身体的疼痛传到大脑则要0.9秒以上，可见嗅觉有多快。另外，由于香味的刺激还会传达到视丘下部，所以一般认为还会对荷尔蒙及自律神经等的活动有很大影响。

　　如果无意识闻到的香味都会对我们造成生理效应的话，那还不如用令人身心愉悦的香气给予大脑正向的刺激。让我们趁此机会，重新审视自己周围的香味，在生活中更好地运用香吧。

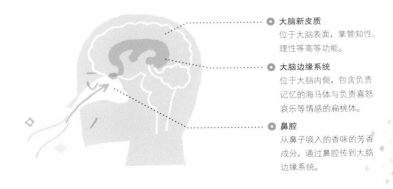

大脑新皮质
位于大脑表面，掌管知性、理性等高等功能。

大脑边缘系统
位于大脑内侧，包含负责记忆的海马体与负责喜怒哀乐等情感的扁桃体。

鼻腔
从鼻子吸入的香味的芳香成分，通过鼻腔传到大脑边缘系统。

香十德

所谓 "香十德"，源自北宋诗人黄庭坚所作的汉诗。据说是在室町时代（1336—1573年）由一休禅师传到日本。其中的内涵跨越时代依然毫不褪色，直指香的本质。有的香铺会将写有 "香十德" 的挂轴等作为装饰，所以我们必须要了解一下。

1 感格鬼神
通过香感召鬼神
含义 香有感动鬼神之力，可以磨炼感官的敏锐度

2 清净心身
净化心灵与身体
含义 香有杀菌、消炎等功效，可使身心洁净无垢

3 能除污秽
有效地祛除污秽
含义 香亦可用于防疫治病，更可驱逐世俗气

4 能觉睡眠
能帮助睡眠
含义 香有安神的功效，可以使人睡个好觉

5 静中成友
孤独时的陪伴
含义 独处静思时，点香可以慰藉心灵

6 尘里偷闲
繁忙中的闲暇
含义 工作与学习中也要学会歇息，让生命慢慢来

7 多而不厌
多也不讨厌
含义 人天然喜欢芬芳之物，即使种类繁多也不觉得厌烦

8 寡而为足
量少刚刚好
含义 焚香需掌握好度，有时放一点点就很芳香

9 久藏不朽
放很久也不腐朽
含义 好香也是好的藏品，可以存放很长时间

10 常用无障
经常用也无害
含义 香料多为上品，经常用也没有害处

课 程

2

动手制作
属于自己的香

从香味到形状，

让我们来制作自己独创的香吧！

本章除了会介绍香的手工制作方法，

还会推荐不同心情、不同场所适用的香方。

试着亲手制香吧

香的制作方法绝对没有想象中那么难。

我们动手就能制成各种各样的香，

比如将香料细细切碎填制成香囊，

又或是用粉末状的香料做出燃烧型的香及印香。

让我们以自己喜欢的香为主调调和香料吧！

一般而言，香的成分不止一种，

需要好几种香料混合才能制成。

所以创作只属于自己的香的过程是十分有趣的。

而且，用日本的传统香料制香，

更能感受到和式熏香的柔和雅致。

探索属于自己的香味

想要制作自己喜欢的香，该如何着手呢？

调配香时，需将几种乃至十几种的香料作为原料调和，才能制作出既和谐又层次复杂的香气。香料气味各异，有香气强烈的，也有极具特色的、辛辣的，哪怕只放入掏耳勺的分量，风格也会完全改变。听我这么说，你可能会想"手工香的制作是不是很难啊"？但其实这才是制香的乐趣所在。加入某种香料后，味道变得更甘甜或者层次更丰富了，类似这样的惊喜与发现正是香文化的深奥之处。在调和时发现新的香气是多么令人兴奋又激动呀！

首先，制作的第一步从构想自己想做的香的风格开始。在调和香料的过程中，香气会不断发生改变，所以请一边享受这个过程一边制作吧。另外，对于单独使用时自己不喜欢的香，可以通过增加香料丰富层次来平衡，请务必多多尝试。

　　经过不断尝试后做成的香，肯定是世界上独一无二专属于你的香气。不妨在很久不见的好朋友到访时点燃试试。无论是思考使用的场合，还是想象各种品香的小细节，都是很充实丰富的品香时光。

制香的入门课程

在开始制香前，我们首先要了解有关香料的基础知识，比如基本的香料处理办法、调和手法（如何混合香料）等。

Step 1 ◆◆◆

设定香的主题及使用场景

在制香时，最重要的一点就是要设定香的主题及使用场景。比如春天的香、勾起旅途回忆的香、代表赠香对象（家人或恋人）的香等，不论什么主题都可以。但不能过于简单，如"好闻的香气"，就容易造成印象模糊。可以设定"开始工作前让人集中精神的香"，这样思考具体的使用场景与心情，会更有利于选择香料，做出自己想要的香。

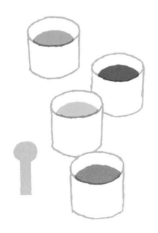

Step 2 ◆◆◆

了解香料的特征（味、轻、重）

对于香气的特征，可以用甘、辛、苦、酸、轻、重等来形容。找出想用的香料以后，首先要了解这种香料的特征（请参照第34～41页的香料图鉴）。在调和时不要光是偏好清淡或是一味地追求浓重，要注意保持平衡。

构思香料的整体平衡

　　调香时并没有规定至少要用多少种香料，仅用白檀一种也是可以的。但是，混合的香料种类越多，层次就越丰富，焚香后的余香变化也越多，品玩起来会更有乐趣。

前调	最先闻到的香味，印象较淡薄。
中调	香的中核调，也是主调。
后调	经过一段时间以后留下的淡淡的香气，即余香。给人印象较深刻。

香气会随时间发生变化。在香水的世界里，调香师们充分地运用了这个特点，按前、中、后三种调平衡混合香气。让我们也学会这种对香味的平衡意识，并且运用到制香中吧。

气味强烈的香料要少量、多次加入

　　香料中有些气味特别浓烈，哪怕只加入一掏耳勺的分量，香气也会发生剧烈变化。混合这种香料时，请务必每次只加入一点点。混合以后确认气味，不足的话再补充，如此反复直到满意为止。

挑战不喜欢的香气

　　每个人对香料都有自己的喜好。即便是单独使用时不喜欢的香料，与其他香料混合后，有时味道会完全改变，结果反倒成了点睛之笔，意外地做出自己喜欢的香。所以我们可以大胆尝试加入一些不喜欢的香料。

香是由天然香料制成的。其原料多种多样，有树木、树脂、果实、香辛料等，还包括动物性香料。在此将手工制香时会使用的16种传统香料介绍给大家。

沉香 香木

英文名：Agarwood
主要产地：越南、泰国、马来西亚、印度尼西亚等

※不同的沉香味道不同

轻
甘　辛
重

沉香是最具代表性的香木。瑞香科的树木受到伤害后，出于防卫会分泌树脂。其成分经年累月后会发生变化，开始散发香气，这便是沉香。树脂凝固之后会变重，入水会下沉，故而得名"沉香"。

沉香的形成时间越长质量越好。历时百年乃至一百五十年以上的沉香，都是品质极好、相当贵重的珍品。另外，沉香有镇静安神的功效，所以还可以作药用。

然而，因其价格高昂，遭到了乱砍滥伐，所以现在相关交易受到《华盛顿公约》的限制，成为需要防止灭绝的物种。

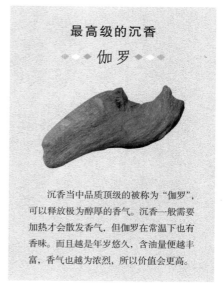

最高级的沉香
伽罗

沉香当中品质顶级的被称为"伽罗"，可以释放极为醇厚的香气。沉香一般需要加热才会散发香气，但伽罗在常温下也有香味。而且越是年岁悠久，含油量便越丰富，香气也越为浓烈，所以价值会更高。

白檀 香木

英文名：sandalwood
主要产地：印度、印度尼西亚等

轻

甘　★　辛

重

　　檀香科檀香属植物，越接近树芯越香，也是佛教用具或扇子的常用材料。通过蒸馏法提取的精油（檀香精油）也可以用于芳香疗法。主要产于印度或印度尼西亚，以印度迈索尔地区出产的檀香为最高品质。其香味既甘甜又清爽。

桂皮 植物性

英文名：cinnamon
主要产地：中国、越南、斯里兰卡、印度等

轻

甘　★　辛

重

　　由樟科植物的树皮干燥而成。根据产地不同，其香气、风味各异。日本人比较熟悉的叫法是"肉桂"，在海外则被称为"cinnamon"。从古代起，便被广泛用作调味品。

　　另外，桂皮还可以作药用，有镇痛、发汗、健胃等功效。其香气独特，略带刺激性。

丁香¹ 植物性 英文名: clove
主要产地: 印度尼西亚、马来西亚、非洲

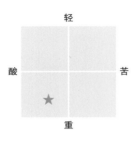

轻

酸　　　　　苦

★

重

　　在日本被称为"丁子"，又写作"丁字"。

　　为桃金娘科植物丁香的花蕾。在其最为芳香的时候采摘，干燥制成香料。因其外形似钉而得名。在欧洲、印度等地，还被当作香辛料使用。其香气辛辣刺激，具有较好的防虫功效，所以经常用于制作衣物用的香囊。

---

1 此处指药用丁香，与观赏用的丁香花为不同植物。

 大茴香 植物性 英文名: star anise
主要产地: 中国、越南等

轻

★

甘　　　　　辛

重

　　由八角茴香科八角的果实干燥而成。因外形像星星，所以在西方被称为"star anise"，而在中国则被称为"八角"。其不仅是中药、西药中止咳祛痰药的材料，还可以给杏仁豆腐提味。其香气清爽，类似柑橘。

山奈 植物性

英文名：kaempferrhizome
主要产地：中国、印度

由姜科山奈属植物山奈的根茎干燥而成。可作胃药，也有驱除虫子的功效。另外，煮咖喱时可作为香辛料加入。

气味与姜相似，特点是清爽舒畅，略带一点甘甜。

龙脑[1] 植物性

英文名：borneol
主要产地：印度尼西亚、马来西亚等

龙脑是龙脑香科植物龙脑香树的树脂凝结形成的白色结晶体。龙脑香树高约50米，晶体多形成于树干的裂缝之中。主要产于苏门答腊岛、婆罗洲岛、马来半岛等地。

从古代起，龙脑便作为防虫剂及防腐剂使用，在日本丸子山古坟[2]出土的遗骸中就曾检验出龙脑。而且还可以用作墨汁芳香剂及中药药材，气味十分清凉冰爽。

---

1 即中药药材 "冰片"，在我国也被称为片脑、瑞脑等。
2 位于奈良县高市郡明日香村真弓町的真弓丘陵地带，据推测建造于7世纪末到8世纪初之间。

甘松 植物性 英文名: spikenard
主要产地: 印度、中国等

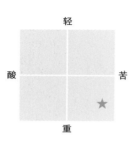

生长于喜马拉雅山脉等中国高山地带，为败酱科多年生草本植物甘松的干燥根及根茎，可作为肠胃药。

单独使用时香气不太好闻，但与其他香料混合后，能制出浓郁甘甜的香气，尤其适合搭配沉香。

 藿香 植物性 英文名: patchouly
主要产地: 印度、马来西亚、中国等

唇形科多年草本植物广藿香的干燥根茎，也是中药药材，用于制作胃药、夏季感冒药等。

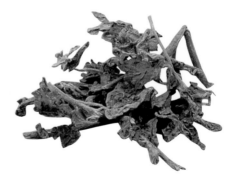

它的精油被称为"广藿香精油"，可用于芳香疗法及香水基调。气味略带甘甜，如紫苏一般清爽。

安息香 植物性

英文名: benzoin
主要产地: 泰国、印度尼西亚、越南等

輕

甘　　　　　辛

重

　　由安息香科植物的树干受伤后分泌出的树脂干燥而成。因为具有"安定气息"的功效，又起源于安息国＝帕提亚帝国（现巴基斯坦），故而得名"安息香"。

　　普遍认为越南及苏门答腊岛产的安息香品质较高，香气甘甜浓郁。

乳香 植物性

英文名: frankincense
主要产地: 非洲、中东、近东等

輕

甘　　　　　辛

重

　　橄榄科植物乳香树的树干上，会渗出如同橡胶般的树脂。因其颜色乳白，所以被称为"乳香"。这是西方国家的传统香料，常用于宗教仪式。时至今日，天主教依然视乳香为神圣的香料，用于教堂中的焚香祷告。

贝香 动物性

英文名：incenseshell
主要产地：非洲、中国

轻

甘　※为保持香气　辛
　　而使用

重

又称为"甲香"，是蝶螺及其近源动物的壳（掩厣）干燥后磨成的粉末。可作其他香料的引子，让香气的层次更加丰富。另外，贝香具有使香气保持稳定的功效，所以自古便作为"保香剂"使用至今。据说日本在奈良时代（710—794年）就已使用贝香。

麝香 动物性

英文名：musk
主要产地：中国西藏等地区

轻

★

重

是雄性麝香鹿生殖器中的分泌物。麝香鹿主要栖息于中国西藏地区以及喜马拉雅山脉等地。为了获取最浓厚的香原料，人们常在麝香鹿的发情期狩猎、采集。原液气味刺鼻，具有很强的刺激性。但如果浓度稀释至千分之一，再与其他香料混合，便会散发出浓郁的香气。

另外，麝香还可以用作"保香剂"。在希望增强香气浓度时，也可添加。

零陵香 植物性

英文名：fenugreek
主要产地：中国

轻
甘　　辛
重

由报春花科多年草本植物干燥而成。种子被称为"葫芦巴"，可作为香辛料加入咖喱粉中，是我们日常比较熟悉的香料。因为比较辛辣，所以在保存时要多加小心，注意不要与其他香料混淆。在中国作为药材，用途非常广泛。

排草香 植物性

英文名：——
主要产地：中国、印度尼西亚、马来西亚等

由唇形科多年生草本植物的根茎干燥而成。在中药里，被视为与藿香是同一种药材。香气淡雅甘甜。

轻
甘　　辛
重

木香 植物性

英文名：COSTUS
主要产地：印度、中国

由菊科植物风毛菊属多年生植物木香的根干燥而成。香气清爽微苦，可作药用。

轻
甘　　辛
重

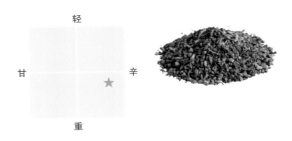

香料的调配

在制作香囊、屋香时，先把香料切碎，再放入雪克杯中混合并调和。使用的香料虽然没有限制，但推荐大家用常温下也香气十足的白檀或龙脑等作为主调（即成分比例较高）。以此为基础再添加各种其他香料，以6～10种香料为宜。充分搅拌后，便会调配出具有深度的日式香气了。

需要准备的物品：

- 香料（切碎）
- 雪克杯（密封容器）
- 计量勺&刮刀

※1勺约1克。但是根据原料不同略有差异。

用计量勺量取作为主调的香料。

量取1勺的分量时，用刮刀抹平勺中的香料。

3

将作为基调的香料放入雪克杯中，再计量下一种香料并
加入。

4

上下晃动雪克杯混合香料。关键是要将香料均匀地混合
在一起。

（重点）充分混合以后，打开盖子采确认香气吧。

重点

量取1/2勺、1/4勺香料时，用刮刀的前端调整香料的分
量即可。

5

继续加入香料，直到混合出自己喜欢的香气。在每次添
加新的香料以后，请务必确认整体香气，再继续调和。

6

首先根据自己想制作的香囊大小决定香料的总量，再根
据加入香料的数量决定每种的比例。

7

调配完成以后，就可以制成香囊、屋香使用了。

香囊

可爱的香香小荷包。
用喜欢的布块和绳子
就能简单制成。
可以当作小礼物送给亲近的人。

可以当成钥匙扣用

绑上小·蝴蝶结
也很可爱！

需要准备的物品：

- ⊙ 调配完成的香料 计量勺6勺左右
- ⊙ 略厚的布块 10厘米 × 20厘米

※ 此处使用的是用金线织成的布料（金兰布），实际制作时用什么都可以。

- ⊙ 棉花 适量　⊙ 绳子 30厘米
- · 裁缝剪刀　 · 针、线

3

1.2厘米

在距离两边1.2厘米处缝合，将手指插入囊口，将布袋翻转至正面，并把边角扯好。

4

将调和好的香料直接装入香囊，再填入棉花。根据布料薄厚，有时也可以用棉花包好香料后再放入。

1

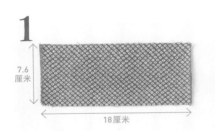

7.6厘米

18厘米

将准备好的布裁成7.6厘米 × 18厘米的长方形。

5

将步骤4的棉花压实，捏紧上方，将其折叠成手风琴状，在囊口用绳子缠绕两圈。

2

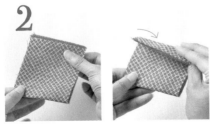

将步骤1中的布正面对折，把开口在距离布边2.5厘米的位置再往里折一次，用针固定。

6

将绳子紧紧束起，以防脱落，可以打两次结。再依照喜好截取绳子的长度，将绳端对齐，打结固定。

飘着淡香的书签。将其夹在借来的书中，
就是小小的还礼。还可以当成卡片，
写几句传达心情的话语。

打开信封时，文香自然散发出淡雅的香气。
推荐大家使用气味甘甜清爽、
以白檀为主调的香。

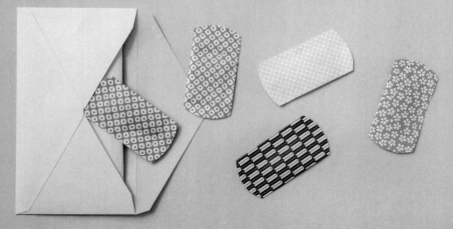

<table>
<tr><td>

书签香

需要准备的物品：

- 调配完成的香料 少量
- 和纸 12厘米 × 12厘米

※此处使用的是折纸。

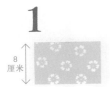

- 宽度0.5厘米的丝带14厘米
- ·剪刀
- ·胶水
- ·打孔器

</td><td>

文香

需要准备的物品：

- 调配完成的香料 适量
- 和纸 7.6厘米 × 7.6厘米

※此处使用的是折纸。

- ·剪刀
- ·胶水

</td></tr>
</table>

1

将准备好的纸用剪刀裁成8厘米×12厘米的长方形，正面在外，沿短边对折。

2

将纸摊开，沿着纸的四周及中间折线涂上胶水，然后将香料直接放在纸上，再沿着折痕对折。

3

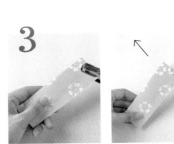

紧紧按压黏合部分，在上方中央打孔。把0.5厘米宽的丝带对折，将对折那头穿过小孔，再把丝带的尾端穿过对折那端的圈后收紧即可。

1

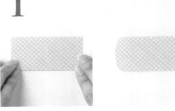

将准备好的纸正面在外对折，然后用剪刀将短边修剪成圆弧形。可以事先使用圆形物体描绘好弧线后再剪，就能剪出漂亮的形状了。

2

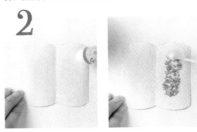

将纸摊开，沿着纸的四周及中间折线涂上胶水，然后将香料直接放在纸上，再沿着折痕对折。

3

沿着折痕对折后，紧紧按压黏合部分。

屋 香

灵活运用日式的彩色红包，

可以制作出立体三角形的屋香。

可放在玄关、寝室等各处做摆设，

是简单易做的香品。

用大小、纹样不同的信封，

制作三四个屋香并列在一起，

会更加可爱。

需要准备的物品:

◎ 信封
◎ 调配完成的香料
◎ 绳子15厘米
·剪刀
·纸巾
·胶带

4

之后在红包底部靠长边的一侧,剪出一个小角,开一个可以穿过绳子的孔。另一侧如图所示,在虚线处用剪刀剪开一个切口。

1

以信封底边的长度为边长,画出正三角形,然后如图所示,按照虚线裁剪成红包。

5

将绳子如图对折打结,使其通过步骤4开的孔。

2

以红包底部为下,沿正三角形的左右两边折叠,制造折痕。

6

用纸巾包住香料,用胶带固定。

3

按照步骤2的折痕将红包撑开,合上左右两边,拼出一个立体三角形。

7

将步骤6的香料放入红包,将封口长边那侧的三角形前端插入到步骤4的切口处。

手工香的制作

制作点火燃烧型的塔香、线香，

以及加热催发型的印香时，

要调和粉末状的香料，

并加入让各种香料凝固在一起的

楠木粘粉。

推荐大家在选好香料的主调以后

再开始调配。

需要准备的物品：

- 香料（粉末）
- 楠木粘粉
- 水
- 研钵
- 研杵
- 计量勺 & 刮刀
- 和纸 7.6 厘米 × 7.6 厘米

※1勺约1克。但是根据材料不同略有差异。

1

用勺子计量作为主调的香料。量取1勺的分量时，用刮刀抹平勺中的香料。

重点

量取1/2勺、1/4勺香料时，用刮刀的前端调整香料的分量即可。

2

将作为主调的香料倒入研钵。

3

加入下一种香料。

4

使用研杵混合香料。均匀混合是关键。当颜色变得统一时，把脸靠近研钵确认香气。

5

重复步骤1～4，直至调和出自己喜欢的香味。制作点火燃烧型的香时，请加入有助于使各种香料固定在一起的楠木粘粉。

试着亲手制作涂香吧

涂香通过直接涂到手背或身体上来品玩，也可以亲手制作。参考步骤1～4，将香料（粉末）按照自己的喜好调配混合，再用网目细小的筛子过滤，制成极为细腻的粉末。再将成品倒入专门装涂香的盒子里保存。

重点

每次添加香料时，请务必确认整体的气味。这是制作的关键。

塔 香

点燃之后，

塔香的香气

会在短时间内迅速扩散。

将燃烧后的余香一并纳入考虑范围内，

试试制作塔香吧。

1

按照第50～51页的步骤调和香料，加上楠木粘粉充分混合以后，用计量勺加入少量的水。

2

用研杵以碾压的方式充分混合香料。如果一次性加入的水过多，会使香料变得稀薄而不成形，所以请少量多次添加。一旦水分过多，就加入楠木粘粉调整。

3

这是充分混合好的香料的样子。用手捏感觉比耳垂再松软一点就可以了。水分过多的话，干燥以后会出现龟裂，所以要特别留意。

4

用计量勺量取一个塔香分量的香料。

5

用手搓圆香料，再用指尖捏出塔香的锥形。

重点

高渐捏得越尖，越方便点火。

6

重复步骤4～5，使香料成形。然后静置一晚，等待香料完全干燥。如果在残留水分的情况下密封保存，会造成龟裂。

印香、线香

可爱度满分的印香
与平时便于使用的线香，
在本书中均采用与塔香一样的材料制作。
如果手头没有模具的话，
可以用瓶盖等身边的物品来压形。
让我们加热印香，点燃线香，
尽情享受香的乐趣吧！

需要准备的物品：

⊙ **加水调配完成的香料**
※ 参考第50～51页、53页的步骤
1～3。

⊙ **模具**
※ 本书使用烘焙用的模具。

• **垫板**
※ 一般用布海苔做印香的
黏合剂，本书中使用楠木
粘粉代替。

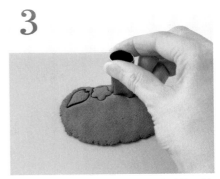

3

用模具压出形状。将剩下的香料混合摊平后再制作，或者
捏个塔香。

1

在手掌中将香料加水搓圆，放置在垫板上。

4

等香料完全干燥，放置半天到一天。另外，在香料干燥
前，可以配合其外形，用刮刀或竹签在上面刻出可爱的
纹样。

2

用手掌把香料摊平，厚度约为3毫米。

使用色素制作五彩缤纷的香

香的原料主要是香木磨成的
粉，颜色多为茶色。如果想让
手工香如市面上贩卖的香那般
色彩缤纷，可以添加粉末状的
色素。只要加一点点，就能染
上颜色。加水与香料充分混合
之后，在完成前再添加少许，
是染色的窍门。

需要准备的物品：

⊙ 加水调配完成的香料

※ 参考第50〜51页、53页的步骤1〜3。

• 垫板

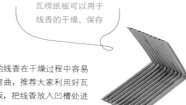

> 瓦楞纸板可以用于
> 线香的干燥、保存

细长的线香在干燥过程中容易变形弯曲，推荐大家利用好瓦楞纸板，把线香放入凹槽处进行干燥、保存。

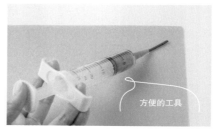

方便的工具

使用线香专用针筒的话，可以挤出香料，做出均匀漂亮的线香。

1

取少量加水调配完成的香料，置于垫板之上。用指尖前后滚动，将其搓成细长条。

2

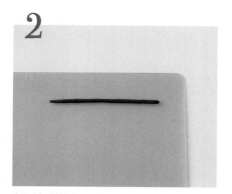

为了避免香料断掉，注意搓成粗细均匀的状态。

还可以使用精油！
用合成香料制作简单的香

比起天然香料，使用合成香料会更简单。添加精油也可以！

需要准备的物品：

⊙ 喜欢的合成香料或精油 适量　⊙ 楠木粘粉 适量
⊙ 水　⊙ 研钵　⊙ 研杵

用计量勺量3勺左右楠木粘粉倒入研钵中，加入少量的水，用研杵充分混合。

1

放入少量合成香料，或点几滴精油，再用研杵均匀搅拌。即使多放几种香料或精油也没问题。如果水分过多，就再加一点楠木粘粉调整。

2

炼 香

炼香要用炭来加热。

借由加热，

香气才能更好地扩散。

在调和时，要考虑到这个特点。

另外，作为黏合剂，

会往炼香中加入蜂蜜，

使香气变得更加甘甜温馨，

香的质感也会变得更好。

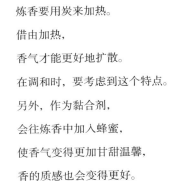

需要准备的物品：

◎ 香料（粉末） ◎ 炭粉 ◎ 蜂蜜 ◎ 研钵
◎ 研杵 ◎ 计量勺&刮刀

3

香料混合完成后，加入少许炭粉。

1

用计量勺取出作为主调的香料，倒入研钵。

4

将香料与炭粉混合均匀。

2

加入下一种香料，用研杵充分搅拌，直到混合出自己喜
欢的香气。

 重点 在加每一种香料后都必须确认整体的香气。

5

所有香料颜色一致，充分混合以后，加入少量蜂蜜。

6

重点

蜂蜜量的多少会
影响成形，边观
察边添加吧。

用研杵混合。一边观察香料的融合状况，一边再添加少
量蜂蜜。

7

重点

用研杵充分搅
拌混合香料，
直到香料有光
泽为止。

所有香料颜色一致，充分混合以后，取少量于掌心搓成
丸子。

8

因为炼香需要在湿润的情况下使用，所以搓成丸子以
后，不需要干燥，直接放入保存容器中即可。注意要放
到阴暗处保存。

手工香的材料、工具
在哪里买呢？

可以在香铺中买到制作香的材料与工具。
在有些店铺里，面向初学者的香料体验
套装（参考第95页）的起步价只需1000
日元（1日元 ≈ 0.065元人民币）。还有一
些线上店铺，大家不妨尝试挑选看看。

有面向初学者的体验制作炼香的套装，包
含沉香等7种香料及研钵、研杵。（炼香制
作套装·甘甜之香/香源）

经典的香料组合套装，包含从古代使用至
今的原材料共22种。可以用于制作炼香
及线香。（大年堂的原料套装—熏香材料
组合22种/香源）

香源（菊谷生进堂股份有限公司）
爱知县名古屋市中村区大秋町4-47
☎ 052-486-1888
http://www.kahgen.com

"现在"的你
适合什么香？

从各种各样的香当中，
找出符合你现在心情的香吧。
注意"开始"标志，
进行选择测试吧。

是 ➡ 否 ➡

现当下比起一个人独处，
更喜欢有人相伴

心情焦虑，
无法专心做事

满脑子都是烦心事

日常生活总是很繁忙

有种烦躁
想发脾气的感觉

情绪高昂、
无法平静下来的你

每日忙碌于杂事及工作，即
使一天结束了，还是无法平
静下来。这种时候，使用具
有镇静大脑活动的白檀等香
木系的香正好。

充满压力、
无法放松的你

你是否无法摆脱紧张及烦
躁，倍感压力？乳香或安
息香等树脂系的香，具有安
定神经的功效，能够治愈这
种情绪。

开始

特别喜欢和式
风情的香

有每天坚持的
兴趣爱好

现在想要放松身体
沉静心情

不知为何心里充满了
不安的情绪

感觉日常生活中的
刺激不够

对于工作与恋爱
抱着消极的态度

脑子转不动、
缺乏干劲的你

想努力却又没干劲……这种时候最合适的是辛辣系的香气。桂皮或丁香等既辛辣又略带刺激性的香气，能够促进大脑活动，让人变得积极起来。

无法摆脱
无力感的你

当生活总是老一套，对每天的日常提不起兴趣，无法摆脱无力感时，使用甘甜又浓郁、具有异域风情的香最适合了。依兰精油等具有异域风情的香气，有助于恢复好心情。

较为抑郁，
抱着消极态度的你

当心里不安、充满负面情绪时，让自己沉浸在柔和清爽的水果香或是华丽幸福的花香中，就能治愈疲惫的心灵。

不同氛围、不同场所
适用的配方

根据氛围、场所，挑选特别的日式香气

虽然在放松时特别适合使用自己喜欢的香气，但我建议大家在各种各样的场合灵活运用香的力量。心情低落、工作疲劳时，根据心情，试试用香如何？和缓而富有层次的日式香气，能够贴近你的心，让心情在不知不觉间变得轻松起来。

感觉

促进脑部活性化
让人干劲儿十足的香

配方　线香

沉香	0.5
龙脑	0.25
丁香	1.5
桂皮	1
大茴香	0.25
木香	0.25
楠木粘粉	5.5

辛辣系的香有提高情绪、充实心情的效果。丁香、桂皮以及以"星星茴香"著称的大茴香等香辛料，能帮助我们集中注意力，变得更为积极。

※香方中的各项分量，1勺约1克。但是根据原料不同略有差异。

感觉疲惫不安时
疗愈精神的香

树脂系的香具有平静心情、缓解压力的功效。如芳草味的安息香与乳香，能安定心神，最适合放松。当我们想要镇定精神、脚踏实地做事时，可以使用此类香品，会很有效果。

配方　线香

白檀	1.5
龙脑	0.25
安息香	1.75
乳香	0.5
山奈	0.25
贝香	0.25
楠木粘粉	5.5

感觉

平和兴奋的心情
沉淀情绪的香

日本人自古以来就爱用沉香。沉香承受了经年累月的洗礼，是来自大地的瑰宝，据说有镇定心神的作用。而白檀，树木本身就散发着甘甜的香气，既纤细又柔和。在两种香气的环绕中，身心都能得到极大的放松，有利于我们找回本真。

配方　线香

白檀	1.5
沉香	1.5
甘松	0.25
排草香	0.25
丁香	0.25
龙脑	0.25
贝香	少量
楠木粘粉	5
印尼粘粉	1

※印尼粘粉是比楠木粘粉性能更好的香料黏合剂。

※加少许"酒溶麝香"，香味会更有层次。

感觉

唤醒积极心态
转换心情的香

水果系的香据说有转换心情的功效。推荐大家在想要拥有全新的心情时使用。柔和的苹果精油，不会过于甜腻，再加上清爽的柑橘系葡萄柚精油，能让人在疗愈中唤醒积极的念头。

配方　线香

白檀	1.5
大茴香	1
藿香	0.25
龙脑	0.25
丁香	0.25
零陵香	0.25
苹果精油	2滴
葡萄柚精油	2滴
柠檬草精油	3滴
楠木粘粉	6

感觉

摆脱无力感
恢复心情的香

想从一成不变的生活中逃脱出来时，使用从东南亚采集的植物制成的香最为适合。其香气充满东方情调，能让人认清现实，帮助我们从日常的无力感中，一点点地改变心情。其由依兰精油或白檀等组合而成，是具有异域风情的神秘之香。

配方　线香

白檀	3
大茴香	0.5
龙脑	0.25
乳香	1
安息香	0.25
排草香	0.25
依兰精油	4滴
楠木粘粉	4.5

※ 依兰精油也是制作香水的原料，味道甘甜浓郁。

缓解不安
带来幸福感的香

花系香具有疗愈功效，能让人从不安与紧张中解脱出来。调和心灵的安息香等，搭配上玫瑰或薰衣草等华丽的花香，就能调制出十分温柔的女性化的香。想感受到幸福、去除负面情绪时，可以用这款香疗愈自己。

配方　线香

白檀	2
山奈	1
藿香	1
桂皮	0.5
安息香	0.5
排草香	0.5
玫瑰精油	3滴
薰衣草精油	3滴
楠木秸粉	4

感觉

精神涣散时
集中注意力的香

香草系的香具有镇定兴奋的神经、保持头脑清醒的功效，推荐在工作学习时使用。制香时以层次丰富的沉香、龙脑等为主调，搭配胡椒薄荷精油及迷迭香精油。制成的香气清新凉爽，在精神涣散、欠缺注意力时能够提神醒脑。

配方　线香

沉香	1.5
白檀	0.5
龙脑	0.7
藿香	0.25
木香	0.25
大茴香	0.5
排草香	0.25
贝壳	少量
迷迭香精油	4滴
胡椒薄荷精油	3滴
柠檬精油	2滴
楠木秸粉	5.5

打扫后的清洁净化 ◎

放在客厅里

在客厅里享受闲暇一刻时，最适合使用炼香。哪怕是整理香灰这样的事前准备，也能使人的心绪沉静下来。之前介绍过的丁香，不仅可以用于清洁污秽，它略带刺激性的辛辣，还具有净化房间与心灵的效果。另外，屋香还可以作为客厅的装饰。

配方　屋香（大型香囊）

白檀	10
丁香	3
山奈	1
大茴香	2
桂皮	2
龙脑	2.5
安息香	2
麝香	2
木香	1
甘松	1
甘味香料	0.5
麝香	3 滴

配方　炼香

白檀	4
沉香	1
龙脑	0.7
丁香	1.25
桂皮	0.75
山奈	0.5
藿香	1
安息香	0.5
炭粉	1.5
蜂蜜	适量

※ 如果加入从海狸的分泌物中提取的海狸香精油2滴，香气会更富有层次。

防虫效果值得期待！

放在衣橱、衣柜中

用柔和又优雅的白檀香气，搭配具有防虫效果的龙脑及山奈等香料。可以在衣橱里放可挂式的香包，往抽屉里放置香囊。因为香气会自上而下扩散，所以放置在衣服上方，能保持衣物的最佳状态，穿着时也能让心情变得愉快起来。

配方　香囊

白檀	4.5
山奈	0.75
龙脑	1.5
丁香	0.25
桂皮	1
藿香	1
安息香	0.25
排草香	0.5
麝香	0.25

香气迅速扩散的类型
适合厕所、淋浴间

在厕所推荐使用短时间内香味能够迅速扩散的塔香。胡椒薄荷精油可以赋予香清凉感，再搭配苹果精油，就可以制作出柔和不甜腻的香气。在淋浴间，可以把气味清新的龙脑装入小小的香囊，打造令人舒适的空间。

配方　塔香

胡椒薄荷精油	2滴
苹果精油	4滴
楠木粘粉	8
印尼粘粉	1

配方　香囊

白檀	3
龙脑	0.5
桂皮	0.5
丁香	0.25
甘松	0.25
藿香	1
大茴香	0.5
零陵香	0.25
木香	0.25
乳香	0.25
安息香	0.25

用淡雅余香
在玄关招待客人

在家里来客人前的30分钟开始焚香，之后残留的余香也是对客人的一种招待。不论是以优雅的白檀作为主调的香，还是甘甜的花朵系的香，都十分讨喜。让我们用淡雅柔和的香气来迎接访客吧。

配方　塔香

白檀	4
龙脑	0.25
大茴香	1
甘松	0.5
桂皮	0.75
藿香	1
贝香	少量
楠木粘粉	3

配方　印香

玫瑰精油	2滴
樱花叶精油	2滴
楠木粘粉	8
印尼粘粉	1

放在需要思考动脑的
书房里

在读书思考时，为了免受干扰、沉淀心灵，推荐使用古朴厚重的香木系的香。用集香五味（辛、甘、酸、苦、咸）于一身的沉香做主调，调和出具有日式特点的沉静之香吧。

配方　炼香

沉香	3
白檀	1
丁香	0.5
甘松	1
藿香	1.5
桂皮	0.5
龙脑	0.5
零陵香	0.25
安息香	0.5
贝香	0.2
炭粉	1
蜂蜜	适量

让人放松舒缓的香
放在寝室里

从古代起，人们就认为"甘甜的香气"就是"好的香气"。白檀或许是其中的典型代表，香气甘甜又柔和。在放松休养身心的寝室，首推这种气味甜美不刺激的香。另外，在使用印香时，在睡觉前一定要确认是否熄灭了香炉内的火，保证安全。

配方　印香

白檀	4
沉香	1
龙脑	1
大茴香	0.5
丁香	0.5
乳香	0.5
贝香	0.25
麝香	少量
布海苔	适量

※布海苔是海藻的一种，是使印香成形的黏合剂。可以用楠木粘粉代替。

享受香的乐趣

从传统古朴到华丽时髦，

香不论形态还是气味都有丰富多样的选择。

接下来给大家介绍

许多与香有关的产品与品香方式。

香的气味种类繁多，

其形状、颜色与使用方法也各有不同。

品闻香气固然十分有意思，

但挑选香的过程也别有一番乐趣。

我们每天根据不同的季节、天气、场景，

站在衣柜前左思右想：

"今天穿什么衣服好呢？"

就如同挑选衣服那样，

充分享受选择香的过程，

也是让每天变得

更加充实多彩的第一步。

另外，在选香的同时，

考虑香与香具的搭配，

比如香座、香盘、香炉等，

也是品香的乐趣所在。

按自己的喜好组合也好，

一边思念着某人

一边挑选也好，

去探寻最贴近你心灵的香吧！

香座、香台

不论是香座还是香台，
都有很多精致又美丽的款式，
色彩、图案各不相同。
就像按照心情选择香那样，
也试着找出你喜欢的香具吧！

兔子和羊

以生肖为主题的香座。大家无须拘泥于自己的生肖，选择自己喜欢的动物就可以。（十二生肖香座 卯兔、未羊/山田松香木店）

这是小型香座，直径为2厘米左右，混搭的配色显得十分可爱。有半球形或富士山形等各种形状。（香座京烧 豆/鸠居堂）

搭配了白色小花的香座，不论是放在玄关还是洗手间，都是很吸引眼球的装饰，十分实用。（花之影/鸠居堂）

五颜六色

四季风情

以自然万物为灵感制成的香座。大家如果随季节变化使用的话，则会更有乐趣。（香座 金属制品 雪花、樱花、银杏叶/鸠居堂）

直接以薰玉堂的商标做成的香座。轻薄小巧，方便携带。（香座 商标/薰玉堂）

此款香盘与香座为一体。其线条颜色自然，能与任何风格的室内装饰相搭配。(香座 京烧 二种焚/鸠居堂)

香夹

此款香座以夹合的方式来固定香。不论是盘香、线香，还是这种平时无法立于香座之上的香，都适用。(双鸠夹/鸠居堂)

左近之樱

以映在水面上的月亮为形象制作而成的香盘与香座。可以立印香及线香。黄铜制的香座可以移动。(观月之香盘/薰玉堂)

以平安京皇宫内的樱花为主题的香座。立体的樱花是重点。(京都风情左近之樱/山田松香木店)

风格清新的花形香座。推荐休闲轻松时使用。(香座京烧 都/鸠居堂)

小波点

香盘的边缘点缀着活泼的红、黄、绿色波点，中央的香座除了可以插线香，还可以放置塔香。(香座 京烧 二种焚/鸠居堂)

73

最近，除了传统的香，
还出现了以香草、花香为主调的香品。
而且颜色、外形不断推陈出新，
各种美丽可爱的款式让人眼花缭乱。

火柴形状的香。点火部分与香一体化，
外观十分可爱。（hibi 001 香茅、附焚
香垫/神户火柴）

由白檀及天然香料制成的盘香。
气味清爽、外形纤细，如同漩
涡，质感上乘。（洛圆 萩壶/山
田松香木店）

塔香因为外形安定而受到人们欢迎。这款香以焕
发活力为主题，气味自然清爽。（灯之印象 焕活/
薰玉堂）

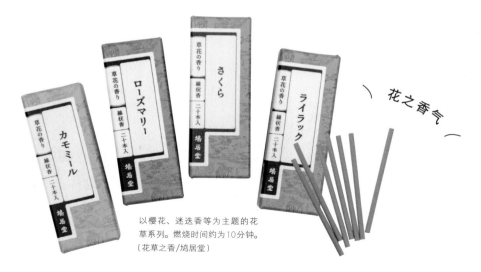

花之香气

以樱花、迷迭香等为主题的花
草系列。燃烧时间约为10分钟。
（花草之香/鸠居堂）

各种颜色的富士山

五彩缤纷的富士山排列在一起的印香套装，光看着心情就很愉快。(印香富士山/中川政七商店)

以12个月的季节花草为主题，形状十分可爱，香气也各不相同。(花京香 12个月印香套装/山田松香木店)

商标形状的印香排成一行，其中有6种源自京都的经典香，再加上2种香木香。(8种印香套装/薰玉堂)

"印香"本来就是鸠居堂发明创造出来的商品。除了勾玉形状，还有落叶、梅花等形状。(印香大内/鸠居堂)

五彩缤纷

以京都的名胜古迹与名产为主题的香系列，其中有"醍醐之樱""宇治之抹茶"等。使用天然香料，融入了现代生活气息，很受欢迎。(线香/薰玉堂)

京都之香

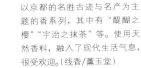

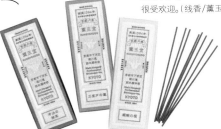

由淡路岛的职人制成的印香。有莲花、瞿麦形状的，看起来好似日式饼干，十分可爱。很适合作为送给女性朋友的礼物。(印香/Juttoku.)

点火燃烧型的香使用方法小创意

转换心情，集中精神

在学习、写作、读书之前，可以通过焚香来平复心情，帮助我们集中注意力。随着香气静静地飘散在空气中，注意力也会得到提升！

用应季的香招待客人

每个季节都有对应适用的香，比如夏天适合清凉的白檀，而冬天则适合厚重的沉香。用应季的香来招待客人是很不错的选择。还可以搭配上符合时节的香炉（挑选花纹等），以及根据季节挑选香囊、屋香、挂香，这些都是十分有意思的事情。

用香供奉祖先及故人

日本人在家中设置佛龛供奉祖先及故人。在佛龛中，可以使用沉香或白檀来当供香，或采用能让人想起故人的香。前往扫墓时，除了最为常用的杉线香，还可以挑选故人喜欢的香供奉。

消除房间内食物残留的气味

房间里很容易就会充斥着食物的味道，尤其是饭后。这种情况下，首先使房间通风换气，让新鲜的空气进入，再点一支香消除气味吧。

在旅途中享受喜欢的香气

在旅途中，推荐大家带上手持式的电子香炉。奔波一天回到酒店房间放松时，一边闻着喜欢的香气，一边回想当天的点点滴滴，会更有利于消除旅途的疲劳吧。

早上起来，用香唤醒精神

就好像每天早上喝咖啡醒神那样，试试从焚香开始一天如何？温柔的刺激能让人提起精神。在早上焚香的话，外出回家还会留有余味，能消除一天的疲惫，可谓一举两得。

生气烦躁时，用香调理心绪

因为一些小事生气烦躁时，不妨点上自己喜欢的香来转换心情。当我们被喜欢的香气包围时，心情不可思议地也会慢慢沉静下来。

和朋友们一起开闻香鉴赏会♪

在家里招待客人时，比如举办家庭派对等，模仿平安贵族们品香热场，也是不错的主意。点上多种不同的香进行品鉴，让我们沉浸在对香的讨论中吧。

驱逐蚊虫

夏天蚊虫较多，推荐使用具有驱虫效果的
芳草系香（如洋甘菊或迷迭香等）。另外，
含有除虫菊的香效果也不错。

大扫除后的净化仪式

打扫完房间以后，可以通过焚香来消除空
气中的异味，达到净化空间的效果。特别
推荐使用塔香，因为塔香可以在短时间内
迅速扩散香气，也不容易掉灰。

用于庆祝节日等仪式

碰上新年伊始或传统佳节，如果在庆祝
时用上香的话，能使节日气氛更加浓厚。
比如用贝壳作香盘演绎出夏天的感觉，
又或是点缀上枫叶与樱花，轻轻松松便
能营造出四季风情。

香囊

香囊的用途广泛，
既可以随身携带，
又可以作为室内装饰。
对于女性来说多多益善，
是能让人开心愉悦的香品。

该香囊是第75页介绍过的京都系列产品的香囊版。淡淡的香味从手织麻布做的袋子中飘出。（香囊/薰玉堂）

美丽的京都

梅与樱

可以挂在墙壁或柱子上的香囊。用日本缩缅布做成的花药球，能使房间显得更加华丽。（花药球 赤房/山田松香木店）

用华美的和纸包装的"香袋"，可以藏于钱包或手提包中，方便携带。（香袋 民艺和风/鸠居堂）

将手织麻布做成"小芥子"人偶形状，再制成香囊。将其立于专用的桐木盒之上，可作为摆设装饰房间。（手绘小芥子人偶/中川政七商店）

"小芥子"人偶真可爱

从香囊小小的三角形中，飘出以松树为基调的香气，闻后仿佛沐浴在森林的气息中。由于有纽扣，挂在衣橱里也合适。（日本市小纹 香囊 椿/中川政七商店）

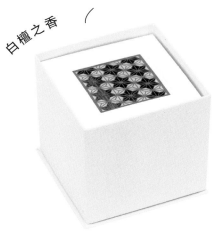

白檀之香

造型简单、可以放在任何场所的香盒。从上方麻叶模样的镂空雕刻中，透出柔和的白檀香气。（KAORI BAKO 麻之叶/鸠居堂）

季节限定的香礼套装。包含了枫叶印香、吊坠式抽绳荷包香囊、香座。（小礼物 枫叶/山田松香木店）

香囊由雅致的锦缎制成，混合了白檀、丁香、龙脑等几种天然香料，散发出柔和淡雅的香气。（挂香缟/山田松香木店）

子鼠、丑牛、寅虎

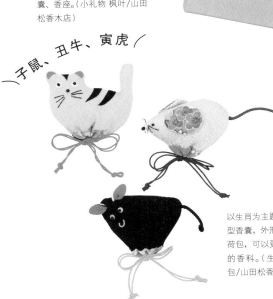

以生肖为主题的吊坠型香囊，外形为抽绳荷包，可以更换里面的香料。（生肖小荷包/山田松香店）

这是手绘桐木香盒，上面的图案以正仓院的宝物为主题。清爽的香气从下方开孔处飘出。（香盒 shikakusaki/中川政七商店）

常温挥发型的香
使用方法小创意

给心仪之人，
送去芬芳的礼物

一边想着送礼物的对象，一边挑选符合他形象的香作为礼物吧。比如不送小礼物及土特产，取而代之以香囊与手绢的套装礼盒，或是与便笺组合当礼物也很不错。如果能收到你亲手制作的香，对方肯定会更高兴。

作为借书的回礼，
夹一张文香

在返还借阅的图书时，怀着感谢的心情，夹一张文香在书中，对方应该能感受到你委婉含蓄的心意。除了书，还可以运用到归还物品上，将香囊与借的东西一并放入袋子中，效果也不错。

戴上芳香的头饰，
成为日式美人

如果使带有装饰的头绳、发箍熏染上香气，那摇摆头发时就会淡淡飘香。还可以手工把形状可爱的香囊缝到头绳上，制作出自己独创的发饰。

让手账染上香气

购买了明年的手账以后，将它和香囊一起放入盒子里。过一段时间，就能使手账染上香气了。到了新年，打开手账，就能闻到一股淡淡的香气。还可以用文香代替书签夹在其中，显得很时髦。

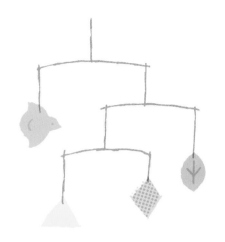

将文香连在一起，制作香之平衡吊饰

准备几个色彩、花纹、形状都十分可爱的文香，按照图示把它们连在一起，悬挂在天花板上，就能制作出香之平衡吊饰。而且由于文香中所含香料较少，所以香气淡雅柔和。

让眼罩熏染上香气，放松心情

我们在旅途或睡觉时经常使用眼罩。将它与喜欢的香囊一起放入盒子中，就能使眼罩熏染上香气，戴上能够使放松效果更好。特别推荐使用白檀，其香气具有镇静作用。

在枕头边放置香囊

在枕头边放置香囊的话，从钻进被子里闭上眼睛到睡着为止，都能感受被香气萦绕的美妙，从而得到极致的放松享受。

香炉

随着对香的了解越来越深，
你绝对会想拥有一个香炉。
不论是基础入门款的香炉，
还是电子香炉，
选择符合你的生活方式的吧。

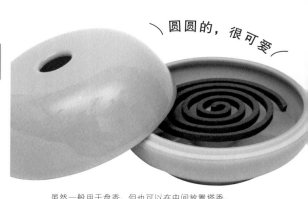

圆圆的，很可爱

虽然一般用于盘香，但也可以在中间放置塔香。
是使用起来十分方便的香炉。(盘香用香炉/山田
松香木店)

在青瓷映衬下，果实
图案显得更为鲜红，
而且盖子上有花瓣形
状的小孔，这些设计
无一不撩拨着少女的
心。(青瓷釉唐草雕/
山田松香木店)

《鸟兽戏画》

仅用于闻香的无盖式香炉。
除了取自《鸟兽戏画》中的
兔子图案，还有青蛙图案。
(青花瓷闻香炉/薰玉堂)

手绘的唐草纹样十分精致。希望
精进香道之人，如果拥有一个自
己心爱的香炉会更加分。(香炉
仁清 赤唐草/鸠居堂)

唐草花纹

可以用来简单品玩香木的电子香炉。没有多余的
设计，外形简单，也很适合摆放在时尚现代的空
间中。(电子香炉 kioka/山田松香木店)

炼香、香木

如果以成为高级香道师为目标的话，
建议多了解一下炼香及香木，
并直接用手触碰、感受。
首先从白檀类开始了解吧。

白檀香片气味柔和，推荐在较为严肃的场合使用，比如举行仪式或茶道时。（香木 角割白檀/鸠居堂）

沉香 & 白檀

适用于第84页介绍的电子香炉kioka的香木。根据种类不同价格差异巨大，其中白檀的价格较为亲民。[沉香（上品）·白檀/山田松香木店]

放在陶罐中的炼香。由白檀及天然香料的粉末制成的"黑方"，可以用于茶室等场合。（黑方/薰玉堂）

存放于竹筒中的炼香。成分与"黑方"类似，将天然香料的粉末混合，再捏成药丸状。（花历/薰玉堂）

小鸟香盒

用来放炼香的香盒。上面的小鸟装饰十分可爱。（香盒 重行作 都鸟/鸠居堂）

关于"空熏"及"闻香"

日本自古流传下来的品香方式

"空熏"及"闻香"是日本传统的品香方式。两种方式都需要直接在香炉里放入炭与灰，通过加热催发香气，所以不会产生烟雾。与点火燃烧型的香有不同的魅力，能让人更深入地沉浸在香的世界中。

使用空熏法，能品玩炼香、印香及香木。需要准备的工具有香炉、香炭、灰、香箸、香。香炉上的盖子在日本被称为"火屋"，形状大小各异，既有金属网目状的，也有镂空开孔形的。在香铺里售有空熏专用的香木，一般为小块的细长条形（爪形）或四方形（割形）。空熏法能延长香气的持续时间，使香气更柔和，缓慢地充满整个空间。

而"闻香"，顾名思义就是嗅闻香气的方法。将香木放在手掌中品闻识别，直接地感受香气的魅力。体验一次以后，你会惊奇地发现，原来不同的香木之间气味差异如此之大。

闻香使用的工具有闻香炉、香炭团、灰、灰押 、香箸、银叶、银叶镊。闻香用的香炉只有手掌大小，基本形状为三足香炉。因为灰使用过一次以后会沾染香气，所以要和空熏时使用的区别开来，另行准备专用的香炭与灰。银叶则是由云母制成的薄板，用于放置香木。使用香木的尺寸大约为2毫米×5毫米。空熏与闻香的具体步骤请参照后面的说明。

品香方式之
"空熏"

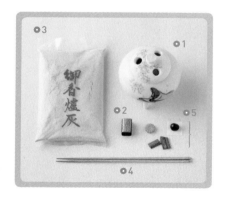

需要准备的物品

- 1香炉
- 2香炭
- 3灰
- 4香箸
- 5香（香木、炼香、印香）

点火烧炭

　　事先在香炉里倒入灰，用香箸搅拌至松软，然后用打火机等工具点燃香炭。

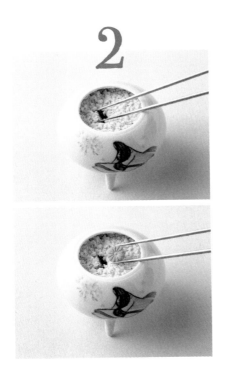

加热香灰后放入香

　　将烧热的炭半埋入灰中，用香箸将
受热的部分调整向上。灰被加热以后，
将香放在炭旁边（图中为印香）。如果香
冒烟或被烤焦，则说明温度太高，需要
使香离炭远一点。

品香

　　放置一段时间后，香气便会扩散开
来。因为其间火可能会熄灭，所以空熏
时要拿掉香炉的盖子（火屋）。结束以后，
取出炭及香（图中为炼香），使炉灰冷却。
炼香必须要在完全冷却以后再丢弃。

品香方式之"闻香"

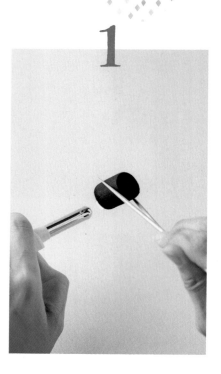

1

需要准备的物品

- 1 闻香炉
- 2 香炭团
- 3 闻香用灰
- 4 灰押
- 5 香箸
- 6 银叶
- 7 银叶镊
- 8 香木

点燃香炭团

用打火机等工具点火。或者用煤气炉、电炉等点燃整个香炭团。

2

3

加热香炉中的灰

　　事先用香箸搅拌灰至松软，并在中央挖出用于放置香炭团的小坑，然后埋入点燃的香炭团。之后一边旋转香炉，一边用香箸将灰堆成小山状。

将灰堆成小山形状

　　继续旋转香炉，用灰押将灰压实。同时一边调整小山的形状，一边将表面修理平滑。

用香箸做出火窗

用一根香箸在灰上按压出纹路，然后从顶部将香箸插入，做出可以流通空气的通道（火窗），使炭更好地燃烧。

在银叶上放置香木

用银叶镊把银叶水平放置于中央的通气孔（火窗）之上。然后在上面放置小块的香木。使用尺寸约为2毫米×5毫米的香木，就能很好地享受闻香的乐趣了。

闻香炉的完成

需要注意的是，如果炉灰得不到充分加热，香气将难以扩散。如果发现香木冒烟，则要马上调整炭埋的深度及灰山的高度。

闻香

用左手水平端持香炉，右手覆盖在香炉上，防止香气外溢。将鼻子凑近右手的大拇指与食指之间的缝隙，缓慢吸入香气品闻。吐气时，将香炉移开，徐徐吐出。

文香

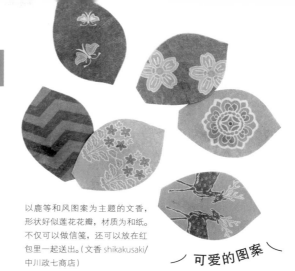

随信传递香气的文香。

打开信封，

就能闻到柔和的香气，

想必对方收到也会很开心。

以鹿等和风图案为主题的文香，
形状好似莲花花瓣，材质为和纸。
不仅可以做信笺，还可以放在红
包里一起送出。（文香 shikakusaki/
中川政七商店）

＼可爱的图案／

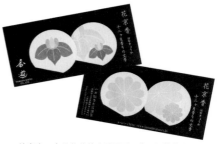

给长辈、上级的书信中，如果夹着绘着平安时代
女性风姿的文香，则更能体现个人高雅的品位。
（王朝文香/山田松香店）

绘有十二个月花草的文香系列。节日问候他人
时，可以连同四季的香气一起寄出。（花京香9
月 菊/山田松香店）

＼花朵图案的文香／

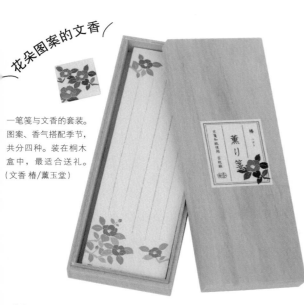

一笔笺与文香的套装。
图案、香气搭配季节，
共分四种。装在桐木
盒中，最适合送礼。
（文香 椿/薰玉堂）

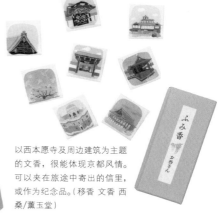

以西本愿寺及周边建筑为主题
的文香，很能体现京都风情。
可以夹在旅途中寄出的信里，
或作为纪念品。（移香 文香 西
桑/薰玉堂）

94

其他的香味小物件

在生活中有很多
与香有关的物件值得品玩，
如果遇到自己感兴趣的，
请务必尝试一下！

旅行套装

在旅途中也能用来品
香的套装。用于承灰
的香台内侧贴了铜，
看着很高级。（旅枕/
山田松香木店）

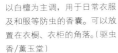

以白檀为主调，用于日常衣服
及和服等防虫的香囊。可以放
置在衣橱、衣柜的角落。（驱虫
香/薰玉堂）

这是集齐了9种香原料的套装。我们可以根据
自己的喜好搭配香料，制作香囊。（玩香 手工
香囊原料套装/山田松香木店）

香膏

可滋润手部肌肤的
香膏。推荐在出门
前或放松的时候使
用。（香膏/山田松
香木店）

源氏香枕

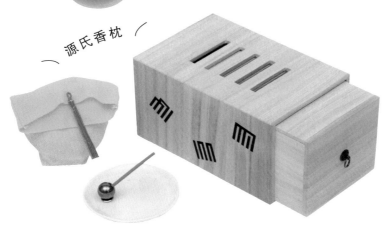

此套装适合高阶品香
人士。可以将香囊、
点燃的线香及塔香放
入其中，品玩享受香
气。（桐木制源氏香枕
/山田松香木店）

全日本有许多贩卖香的店铺。

其中有品种丰富的专业品香店，也有仅贩卖可爱香杂货的小店等。

推荐大家亲自走访这些店铺，去寻找自己喜欢的香气吧。

东京鸠居堂

江户时代（1603—1868年）宽文
三年（1663年）创立。是贩卖香、
书画用品、和纸制品的专业门
店，里面香类商品种类繁多。在
东京和京都均设有旗舰店，同时
也很受外国观光客的喜爱。

东京都中央区银座5-7-4（银座
本店）

☎ 03-3571-4429

工作日、周六 10:00—19:00

周日、节假日 11:00—19:00

新年休业 ※偶有临时休业

http://www.kyukyodo.co.jp

山田松香木店

江户时代创立。店铺位于京都御
所附近，一直坚持使用天然香料
制作多种熏香产品。还会举办闻
香体验教室等活动，传承发扬日
本的香道文化。

京都府京都市上京区勘解由小路
町164（室町通下立卖上楼）

☎ 075-441-1123

10:00—17:30 年末年初休业

http://www.yamadamatsu.co.jp

 薰玉堂

桃山时代（1573—1603年）文禄三年（1594年）创立。是日本最古老的香铺，严格管控原材料的货源，从制造到贩卖实行全方位的品质管理。在坚守传统的同时也不断开发新的香品，其中"京都之香"系列等十分受欢迎。

京都府京都市下京区堀川通西本愿寺前
☎ 075-371-0162 9:00—17:30 每月第1、3周的周日及年末年初休业
http://www.kungyukudo.co.jp

 春香堂本店

大正十年（1921年）创立。原本为中药行，所以有渠道可以直接从东南亚进口中药材，使用香药来制作香品。重视香最原本的"祛除邪气、保持清净"的理念，并将其贯彻于制香当中。

爱知县名古屋市中区大须2-15-14
☎ 052-231-0650 工作日 9:00—18:00
周日及节假日 10:00—18:00 全年无休

 Juttoku.

该品牌隶属于2009年成立的和弥股份有限公司。产品原料坚持选择天然香料，不使用合成香料。旗下的印香造型可爱，仅作为装饰也非常养眼，故而十分受欢迎。

东京都新宿区弁天町23番地白色空间101
☎ 03-6205-5211 平日 12:00—19:00
周六日及节假日 11:00—19:00 周一、周四休业
http://juttoku.jp/ami/

 中川政七商店

从江户时代创业至今，这家奈良老店已历经300年，现在依然持续生产传统的手工织麻布产品。店铺中售有许多设计可爱的香品，比如体现当地风情的奈良绘印香、造型独特的绘形香，等等。

销售部 ☎ 0743-57-8008
http://www.nakagawa-masashichi.jp/

 hibi/神户火柴

由神户火柴股份有限公司（火柴制造公司）与大发股份有限公司（香品制造公司）联手制作的火柴形香品"hibi"。品玩方式简单，不需要点火器具。其线上店铺售有多款"hibi"可供选择。
http://www.hibi.jp.com/

一起来学习日本香文化的历史吧

日本香文化的历史，

始于圣德太子时期，

流行于贵族豪门之间。

他们把香视作高雅情趣赏玩享受，

开始使用少量的稀有香木进行品闻，

由此诞生了日本的"香道"，

并延续至今。

日本在继承传统的同时，

不断顺应时代潮流，

融合新的品香方式，

孕育着属于自己的香文化。

了解从古至今

日本香文化的形成历史，

能让我们深入地理解日式香的内涵，

进而从整体上对香产生新的认知。

这也是品香的最高境界。

散发馥郁芳香的神奇浮木漂至日本

据说，香伴随佛教从中国一起传入，其历史可以追溯到1400年前。日本最古老的历史书《日本书纪》与汇集圣德太子一生事迹的《圣德太子传历》等书中，可见香传入日本时的记录。当时，淡路岛的岛民在岸边发现了两米长的浮木，将其当作柴火焚烧时，惊愕地发现其充满了馥郁的芳香，便将浮木进贡给了朝廷。随着佛教传入，圣德太子当时已掌握了有关香木的知识，马上就认出这是沉香木。在佛教的世界，香作为供奉佛祖之物而备受珍视。进入奈良时代后，中国高僧鉴真来到日本。根据记载，当时除了贵重的佛教经文，他的船上还装了许多香木、香料与草药等物品。在当时的中国，香被认为拥有神奇的自然力量。人们将香料碾成粉末，再将其揉成药丸。据说，僧侣鉴真精通多个领域，调香的配方等知识也是由他传去日本的。

从贵族教养变为武士的疗愈之物

到了平安时代，贵族阶级中形成了享受香的文化。他们或在香料里混入蜂蜜、梅肉等炼成熏香，或用伏笼[1]熏衣香，或做香袋。尤其是将天然香料碾成粉末后制成的熏香，是展示贵族们财力和教养的重要一环。他们会较量各自所做熏香的优劣，故而诞生了"竞香"这种游戏。他们按照春、夏、秋、冬的季节变换制作"六大熏香"[2]，每种香都能让人感受到日本的独特审美，其香谱可谓是集大成之作。比如像梅花般华丽的香，又或是如莲花般清爽的香等，至今还可以从书籍中找到每种香的具体配方。这个时代的熏香就是现在炼香的起点。

---

1 伏笼为日本古代熏衣香用的竹笼，网眼极疏，便于香气渗透。熏衣时，将伏笼倒扣于地，下置香炉，衣服铺于其上。
2 分为梅花、荷叶、菊花、落叶、侍从、黑方六种，每种都流传有不同制法。

"竞香"也出现在《源氏物语》中

"竞香"中的光源氏。此图描绘了插着梅枝的"梅花"熏香和插着松枝的"黑方"熏香。"梅枝"又是《源氏物语》五十四卷中的一卷卷名。

《源氏物语》第五十四卷"梅枝"卷中的某一场景（尾形月耕画）。藏于早稻田大学图书馆

进入武士当权的镰仓室町时代（1185—1573年）后，人们对香的喜好也为之一变。与以和歌、歌舞作乐的贵族不同，对于终日战斗的武士而言，他们也许更希望从单一气味中获取精神的集中，而不是品玩配方复杂的香味。同时，受到禅宗传播的影响，点燃香木从而直接品玩香气的"一本香"成为主流。在武士们之间，沉香作为最高级别的香木，其"闻香"很受欢迎。

另外，武士们还开始频繁地举办"竞香会"，相互焚烧各自精心挑选的沉香木来"竞香"。渐渐地，为了琢磨香木那独一无二的香气，人们开始准备香炉，从放炭的方式及炭的形状到香木的摆放方式，再到姿势或手势等，对礼法做出了详细规定。这被认为是香道的起源。如同茶道分成表千家、里千家流派那样，香道大致也分为两个流派。分别是以三条西实隆为始祖的御家流与以志野宗信为始祖的志野流。直到现在，日本人依然以这两派为中心，保持着香道的传统。

经历衰退的危机后，香文化迎来成熟期

进入江户时代以后，庶民的生活开始安定，原本与香无缘的人也开始陆续使用起了香。在当时，从《古今和歌集》中的和歌"庭前梅香幽，更比梅姿胜一等，佳人袖香梅上留"[1]中衍生出了以"何人之袖"为主题的香囊，在庶民之间十分流行。另外，还发明出了内藏香炉的木制枕头"香枕"，以及藏于和服袖子里的"袖香炉"等。香文化在日本人的生活中传播开来。

之后，随着明治维新运动的展开，旧文化遭到排斥，香道与香料的需求骤减。香文化在一段时间里经历了衰退危机。后来，由于西方人的关注，日本又重新重视起自己独有的文化，而香作为代表日本的艺术再一次复活。像现在这样丰富多彩的日本香文化背后，有着每个时代的日本人不断继承和发展香道的智慧与辛劳。

---

1 译文引自2018年上海译文出版社出版的《古今和歌集》，王向远、郭尔雅合译本。

袖香炉

藏于和服中便于携带的香炉。据说起源于中国唐朝骑马民族使用的球形香炉，后来传到日本变身为袖香炉。球体中的香炉部分设计精巧，可以一直保持水平状态，又被称为"鞠香炉"。

所
谓
香
道

高雅的艺术——以香吟咏和歌

比起茶道与花道，熟悉香道的人或许没有那么多，但依然有不少人会聚集在一起闻香，举行品玩香气的聚会。香道有固定的礼法，也有与茶道礼法相通之处。其精髓便是要怀抱一颗纯粹的享受香道之心，这样才能体验到香的奥妙。

在香道中，最具代表性的香木便是沉香。天然散发馥郁芳香的沉香，哪怕是同一品种之间也有不同的味道，为了鉴别其中香气的细微差异，便诞生了香道。

香道中的香席由香元（主人）、执笔人（记录人）及十数名客人组成。大家聚集在一起，进行名为"组香"的活动，即通过闻香来盲猜香名。配合当天的主题，挑选出数种香，请参加者依序品鉴，并在纸上写下对应顺序的香的名字。最后，由香元公布自己焚香的顺序及香名，而后计算各人成绩。

猜香的趣味自不用多说，还可以根据《源氏物语》或《古今和歌集》等作品里面的和歌主题来挑选香气。也就是说，可以享受以香来营造和歌意境的乐趣。另外，香元的高超技巧、房间里富有季节感的地板装饰、宛若工艺品一般精美的香具等，值得品鉴赏玩之处数不胜数。而谈到参加香席的礼法，要注意身上不宜佩戴手表及饰品。不一定要穿和服，但要尽量避免穿得过于华丽。然后，怀抱着对香元的招待的感谢，在其他客人面前不失礼地安静入席。

参加香席时，用左手托香炉，右掌覆盖于香炉之上，慢慢感受香气。

香道的礼法

为了更好地鉴赏香气，参会时严禁使用香水及香味强烈的化妆品、发胶。在参会前一天，也请尽量不要抽烟或食用大蒜等气味强烈的食物。

香道并不是对香进行简单的"嗅闻"，而是"品闻"香气中的奥妙。沉淀心情，仿佛倾听香的声音一般，去仔细感受香的精粹所在。大家不妨去尝试一下香道，体验与自己在家中玩香时不同的感觉，相信会别有一番趣味。

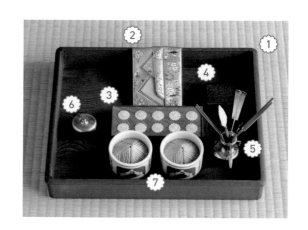

香道具

1 乱箱……具有一定深度，可以装入一整套香道具的盒子。

2 记录纸……不使用香札进行组香时用于记录的纸。

3 银叶盘……放置银叶的地方，上面镶嵌有贝壳或象牙等，做成花朵等形状排开。

4 重香盒……收纳银叶的盒子。

5 火道具……火箸、灰押、羽帚、银叶镊、香匙、香箸、香针等。

6 焚空入……用于收纳使用后的香木。

7 闻香炉……闻香用的香炉，大多为青瓷或青花瓷制品。

所谓六国五味

在日本香道的世界里，有所谓"六国五味"的分类方法。室町时代第八代将军足利义政命令三条西实隆与志野宗信等人对香木中的圣品沉香进行体系化分类，按照产地等分为伽罗、罗国、真南国、真那贺、左曾罗、寸门多罗六种（六国），然后用五种感觉（五味）来表现香气的特征。

六国

- 伽罗……梵语中的意思是"黑色"。特点是五味俱全，在沉香中等级最高。
- 罗国……名字来源于暹罗的"罗"字。原产于暹罗，即现在泰国附近。
- 真南国……名字由来有二。一说指印度马拉多尔地区的地名；另一说从南方国家传来的香木中此香品质上乘，故而取名"真南国"。
- 真那贺……源于马来半岛的"马六甲"这一词，发音相似。
- 左曾罗……来自帝汶岛，又或是印度的苏拉威西地区，具体位置不确定。
- 寸门多罗……印度尼西亚的苏门答腊。与伽罗香气相似，但品质不如伽罗。

五味

甘 酸 辛 苦 咸

源氏香

在数以百计的香组合中，最有名且最受人喜爱的是以《源氏物语》为题材的"源氏香"。从5种气味各异的香中，分别取出极小的5颗香木，以此准备好共计25个香包。然后将它们混合打乱，从中随意地选取5包，接着依序点燃进行鉴赏。每闻一种香气，就在右手边的纸上画一条竖线，之后将代表同种味道的竖线用横线连在一起。如此完成的图就是"源氏香之图"（参见第109页）。根据竖线、横线的连接方式，源氏香共分成52种，其名称对应着除了"桐壶"与"梦浮桥"以外的《源氏物语》52卷卷名。在香席上通过鉴赏香的差异，从香之图中找到自己所绘香的名字。一边畅想《源氏物语》的世界，一边享受香的乐趣，这是多么奢侈的惬意时光呀！

这个源氏香之图的意象清楚简练，具有意匠性，被广泛地运用于时绘、和服、茶道用具、屏风画等工艺品，栏杆等建筑构件，以及日式点心中。有些美术品受到高度评价，所以一边观赏美术品一边畅想历史也是种乐趣。

因为❶的香气与❸相同，所以将第一条竖线与第三条竖线相连。❷的香气与❹相同，所以将第二条竖线与第四条竖线相连。只有❺的香气与其他香气都不同，故而保持竖线不动。如此这般，将绘制出的图案与源氏香之图对照，就可以知道香的组合名为"花散里"。

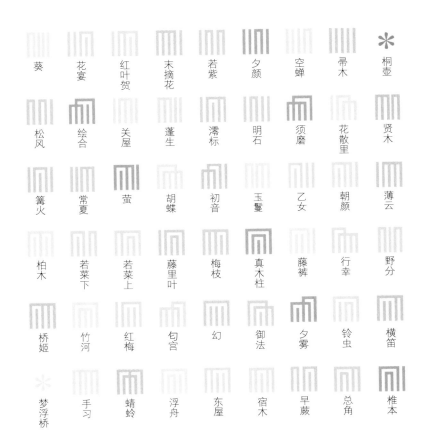

葵　花宴　红叶贺　末摘花　若紫　夕颜　空蝉　帚木　桐壶

松风　绘合　关屋　蓬生　澪标　明石　须磨　花散里　贤木

篝火　常夏　萤　胡蝶　初音　玉鬘　乙女　朝颜　薄云

柏木　若菜下　若菜上　藤里叶　梅枝　真木柱　藤袴　行幸　野分

桥姬　竹河　红梅　匂宫　幻　御法　夕雾　铃虫　横笛

梦浮桥　手习　蜻蛉　浮舟　东屋　宿木　早蕨　总角　椎本

大家想知道的 **线香的礼法**

根据宗派不同，
线香供奉方式也有不同

我们平时在佛坛上供奉线香，是因为线香具有被除污秽、净化空间的功效。另外，也有观点认为之所以燃香，是因为通过香的烟雾能与佛祖进行交流。关于对线香的解释、供奉的方式，根据佛教宗派不同多少会有差异，所以需要特别注意。如果不知道自己所属宗派的供奉方式，请去檀那寺[1]或每月去寺庙参拜时间清楚。另外，如果不确定祭拜对象所属宗派，最好事先确认清楚后再供奉线香。最重要的是我们面对佛祖及故人时，双手合十那一刻虔诚的心意。即便不是每天，有空的时候正坐于神龛前，一边缅怀故人，一边供奉线香，这肯定是最好的供养。

---

1 檀家归属之寺。日本佛教在江户时代形成"檀家制度"，檀家通过向寺院施舍财物，形成"寺檀"归属关系。现在则指负责本家族丧葬婚庆仪式的寺庙。

使用线香祭拜的步骤

正坐于神龛前，向本尊行礼。

将线香直立于香炉（或横置于香炉之上）
合掌，最后再向本尊行礼。

取线香于手中，
用烛火点燃线香。
一旦点着，则用
左手扇风熄火。

宗派	线香数量	祭拜方式
净土宗	1支	对折直立
临济宗	2支	直立
日莲宗、真言宗	1支或3支	直立
曹洞宗	1~3支	直立
天台宗	3支	直立
净土真宗	不限	横置

＊上表为一般的祭拜方式。有时即使宗派相同，在线香数量、祭拜方式上也存在差异。

工作人员

摄影 masaco、川原大辅、敕使河原真

设计 monostore（酒井绚果）

插图 堀川直子

编辑 three season 股份有限公司

　　　（奈田和子、土屋真理子、川上靖代）、柴田佳菜子

主编 编笠屋俊夫

执行制作 中川通、渡边垒、牧野贵志

特别鸣谢

鸠居堂

香源（菊谷生进堂股份有限公司）

神户火柴股份有限公司

春香堂有限公司

中川政七商店股份有限公司

负野薰玉堂股份有限公司

山田松香木店股份有限公司

Juttoku.

摄影特别鸣谢

美味研究所

AWABEES

UTUWA

图书在版编目（CIP）数据

日本香的艺术／（日）松下惠子编著；郑寅珑译.—武汉：华中科技
大学出版社，2021.2
ISBN 978-7-5680-6719-5

Ⅰ.①日… Ⅱ.①松… ②郑… Ⅲ.①香料－介绍－日本 Ⅳ.①TQ65

中国版本图书馆CIP数据核字（2020）第241432号

TEDUKURI OKO KYOSHITSU by Keiko Matsushita
Copyright © Nitto Shoin Honsha Co., Ltd. 2016
All rights reserved.
Original Japanese edition published in 2019 by Nitto Shoin Honsha Co., Ltd.

This Simplified Chinese language edition is published by arrangement with
Nitto Shoin Honsha Co., Ltd., Tokyo in care of Tuttle-Mori Agency, Inc., Tokyo
through Pace Agency Ltd., Jiang Su Province.

本作品简体中文版由日东书院本社授权华中科技大学出版社有限责
任公司在中华人民共和国境内（但不含香港、澳门和台湾地区）出
版、发行。

湖北省版权局著作权合同登记 图字：17-2020-178号

日本香的艺术
Riben Xiang de Yishu

　　　　　　　　　　　　　　　　　　[日] 松下惠子 编著
　　　　　　　　　　　　　　　　　　郑寅珑 译

出版发行：华中科技大学出版社（中国·武汉）　　电话：(027) 81321913
　　　　　北京有书至美文化传媒有限公司　　　　电话：(010) 67326910—6023

出 版 人：阮海洪

责任编辑：莽　昱　刘　韬

责任监印：徐　露　郑红红　　　　封面设计：邱　宏

制　　作：北京博逸文化传播有限公司

印　　刷：艺堂印刷（天津）有限公司

开　　本：635mm×965mm　　1/32

印　　张：3.5

字　　数：32千字

版　　次：2021年2月第1版第1次印刷

定　　价：59.80元

华中出版